U0068055

這個時候
你該怎麼辦？

從 **魔界** 守護到
領導溝通 的生存挑戰

監修—松浦正浩
明治大學專門職研究所
治理研究科專任教授

繪者—花小金井正幸

譯者—李彥樺

目次

第 **1** 關　魔王誕生！　　　　17

第 **2** 關　尋找同伴　　　　31

本書的閱讀方式

情境問題

選擇 Ⓐ 還是 Ⓑ……？
想活下去，就得找出正確答案！

在故事裡，你會遇上各種不同的危機。冷靜思考，並發揮你的想像力，選出心中的答案吧。在文章或圖片裡，或許能找到一些提示……

解答頁

就算選到錯誤的答案，
挑戰也不會就此結束！

雖然這些生存挑戰的情境看似不可能發生在現實中，不過只要認真思考，一定能找出正確的答案！書中對正確答案及錯誤答案都有詳細說明，不用怕犯錯，只要懂得從錯誤中學習，就可以強化困境求生力。

道具頁・訓練頁

靠著道具及訓練增加存活率！

在每一關的結尾，介紹了遇上危險時方便好用的道具，以及能夠大幅強化求生能力的訓練方法。只要學會了這些，你也是生存專家！

知識 Tips

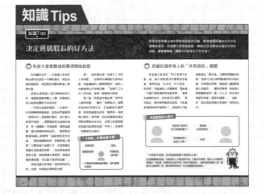

獻給想要對溝通技巧更加了解的你！

如果你心裡想著：「好想變得更加擅長溝通」，建議你讀一讀章節最後的知識 Tips。吸收關於溝通的詳細知識與作法，相信你可以成為值得信賴的領袖！

登場人物介紹

九田魔男

本書的主角。雖然個性有點懦弱，但是腦筋動得很快。原本就讀小學五年級，有一天突然被傳送至魔界，當上了魔王。

勇者

為了打倒魔王而進入魔界的勇者。在人類的世界是英雄人物，連魔界的妖魔們一聽到他也會嚇得直發抖。

九田萌音

魔男的母親。性格開朗，是家中的靈魂人物。愛曲風強烈的「死亡金屬音樂」。

九田魔子

魔男的姊姊，國中三年級。個性隨和，不拘小節，十分擅長運動，但討厭讀書。

魔王之杖

一把會說話的魔杖，曾經是上一代魔王的輔佐者，如今是魔男的得力助手。

魔王的手下

在魔男成為魔王後，負責照顧及幫助魔男的妖魔們。

魔界 的祕密

「魔界」是一個有別於人類世界的神祕世界，在這裡，不管是天空、土地，還是居民（妖魔）都與人類世界完全不同！一起來看看關於魔界的詳細介紹！

「魔界」是什麼樣的地方？

▼

「魔界」是妖魔生活的地方，不同於人類的世界。妖魔也分成很多種族，各種族的族長都是稱霸一方的「妖魔長老」。人類經常侵略魔界，企圖占領魔界領土。

「魔王」又是什麼？

▼

所謂的魔王，簡單來說就是妖魔們的領導者，負責統治和人類世界截然不同的「魔界」。前一代魔王是擁有強大魔力的最強領袖，然而成為魔王的魔男卻沒有任何魔力。

序章 有一天我突然變成了魔王……

九田

九田魔男

魔男！怎麼不趕快整理行李？你在打混摸魚嗎？

魔男的姊姊
九田魔子

我原本在打包漫畫，一不小心就看了起來。

喵～

知道了、知道了。就算是忙著搬家，也得幫你們準備食物，對吧？

魔子！你可以來這個房間幫忙一下嗎？

媽媽！那個音樂實在是太吵了啦！

啊啊啊啊！

啊啊啊啊啊啊

不管是打掃、洗衣還是搬家，只要聽「死亡金屬」音樂，就能維持最高效率！

魔男的母親
九田萌音

轟轟轟轟

啊！

啊！

啊！

死亡金屬是最棒的音樂！

媽媽的工作是翻譯，
住在哪裡都沒差……

唉……

姊姊也很擅長交際……
但我該怎麼辦呢？

喵～

哈哈哈……
你們也要幫忙收拾
行李嗎？

咦？

……嗯？

這本是什麼書啊？
我不記得有買過這本漫畫。

這該不會是媽媽
工作用的書吧？
你們怎麼可以踩
在腳下呢？

咦？魔法陣？

怎麼會有
這個……
媽媽……

閃！

哇啊！

唰！

這……這裡是哪裡？

我們召喚成功了！

你拿著魔導書出現在魔王的宮殿！

你一定就是我們的新魔王吧！

!?

什……什麼？

魔王？我在作夢嗎？

等等！你們要帶我去哪裡？

總之跟我們來就對了！

拉住

穿上

戴上！

這些是什麼東西？

前任的魔王在2千年前被可恨的勇者封印，如今魔王的斗篷及魔杖終於傳承到了新魔王的手上！

我們終於實現了長年的心願！

新魔王！請問你叫什麼名字？

名字！

我嗎？我叫魔男……

魔男？會叫這麼特別的名字，一定是新魔王！

這個斗篷跟
權杖……

這不是我最愛看的異世
界轉生漫畫裡頭的魔王
的服裝嗎？

勇者鬥魔王

嗆嗆嗆~

魔男陛下！
妖魔長老們正在
寶座聖殿等著您呢！

妖魔？

不會吧？我從「轉學到鄉下」變成
「轉生到魔界」了？

震

驚

這裡就是魔界的舞臺！

洞窟
與人類世界相通，所以常有人類從這裡跑出來。妖魔已經將洞口封住無數次，但每次都被人類挖開，只好派人隨時監視著。

魔森
從洞窟前往魔王城的途中一定會經過的黑暗森林，裡頭棲息著許多可怕的妖魔。

岩漿區
火山長年處於噴發狀態，所以不斷有岩漿湧出。

毒沼
看起來是乾淨的湖泊。妖魔碰到完全不會有事，人類碰到卻會全身麻痺。

魔王城
魔界的統治者「魔王」居住的城堡。重要的政策都是在這裡決定。對妖魔們來說，是能夠感到安心的地方。不管遇上什麼危險，都可躲到這裡面來。

農村
種植各種農作物，讓妖魔們填飽肚子的地方。

第1關

魔王誕生！

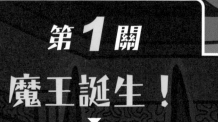

第1關
魔王誕生！

魔男不僅被傳送到魔界，而且還當上了新魔王。但魔男只是個平凡的小學生，根本沒有任何魔力，現在該怎麼辦才好？魔男還在煩惱這個問題，卻被手下推到無數妖魔的面前。

此時，手下提出了一個強人所難的要求：「請開始進行一場振奮人心的演講吧！」

嗯～

魔王誕生！

你會怎麼做？

選擇A還是B？

能夠提高成功機率的小建議！

透過演講來建立形象，掌握妖魔們的心！
妖魔們都還不認識新魔王魔男，因此先在他們面前進行一場演講，在大家的心中留下好印象吧！

- -

成為一個值得信任的領導者！
想要做好魔王的工作，首先得成為一個受妖魔們信任的領導者。想想看，要用什麼方法才能讓妖魔們忠心臣服吧！

- -

成為一個受到愛戴的領導者！
想要整合全體魔界的力量，必須凝聚廣大妖魔們的向心力。身為魔王，應該要讓妖魔們感受到自己願意與大家共同打拼的誠意。

- -

面對一群不認識的人，到底該說什麼話才好？

情境 1　該如何以魔王身分進行演講？

要選哪一邊

A　坐在寶座上演講

B　站起來演講

提詞板

雖然在手下的引導下，來到了寶座前，但是演講的時候，應該保持什麼樣的姿勢呢？遊戲裡的魔王，總是高高在上的坐著說話，但是回想起來，學校在開朝會的時候，校長也都是站著說話……到底該站著，還是坐著演講比較好呢？

正確答案請見第 24 頁

情境 2　演講時的聲音該多大呢？

要選哪一邊

A　在場的人聽得見就行了

B　大聲呼喊，讓外頭也能聽見

魔男來到寶座旁，才發現不僅聖殿內擠滿妖魔，就連外頭的走廊上也站滿了妖魔……是不是應該用力大喊說話，讓外頭的妖魔也可以聽得一清二楚？但是這麼一來，聖殿內的妖魔可能會覺得很吵……到底該怎麼做才對呢？

呃……

正確答案請見第 24 頁

情境 3　說話的速度應該多快？

要選哪一邊

A 說得快一點才顯得有精神

B 比平常再慢一點點

加快速度　　放慢速度

魔男攤開演講稿，此時手下遞來了麥克風。雖然有點緊張，但是這場演講一定得成功才行。回想起來，這種感覺有點像是他之前在同學們的面前發表科展研究的成果呢！當時因為太緊張，發表得很爛，但魔男記得那時候老師曾說過，上臺說話時應該要……

正確答案請見第 24 頁

情境 4　演講的時候應該看哪裡？

要選哪一邊

A 魔界攝影機

B 聚集在現場的群眾

雖然手上有演講稿，但演講過程會以魔界攝影機即時轉播至整個魔界，如果一直低頭看演講稿，可能會給人不可靠的感覺。問題是，那魔男應該要看哪裡比較好？看魔界攝影機嗎？但如果這麼做，現場的妖魔們會不會感覺不受尊重？

正確答案請見第 25 頁

情境 **5** # 演講時該説些什麼？

A 只要大家同心協力，一起創造好結果

要選哪一邊

總之照我說的去做！ **B**

「今天聚集在這裡的妖魔們，我是新的魔王魔男……」演講稿在說完這句話後，紙上竟然出現了成了兩套說詞！一邊是擺出魔王的威嚴，對妖魔們下命令。另一邊則是鼓勵妖魔們跟著自己一起努力。到底他該採用哪一套說詞呢？

正確答案請見第25頁

對答案！

要成為受到認同的魔王

成功？失敗？ >>> 查看「提高成功率的方法」！

魔王誕生！

\\ 正確答案是這個！ //

提高成功率的方法

突然被要求以魔王身分進行演講，你做了哪些選擇？這些選擇是否正確？
閱讀以下的說明，提升獲得認同的能力吧！

情境 1
該如何以魔王身分進行演講？

明明是第一次見面，如果坐著說話，可
能會讓妖魔們覺得「這傢伙好自大，感
覺真不舒服」。因此正確答案是「**B** 站
起來演講」，如此一來，群眾能更清楚
的看見自己，也能提升群眾的專注力。

不愧是
魔王！

情境 2
演講時的聲音該多大呢？

以在班上發表為例，雖然聲音太小不好，但聲音也不是越大越好。聲音太大只會
讓人覺得吵，而且心裡只想著說話要大聲，反而容易忽略「確實傳達自己的想
法」這個最終的目的。因此正確答案是「**A** 在場的人聽得見就行了」。內容為
自我介紹的演說，「打動人心的一席話」會比「扯開喉嚨大聲吶喊」更重要。

情境 3
說話的速度應該多快？

許多人在眾人的面前說話時，往往會一個不小心說得太快，導致聽眾聽不懂自己
在說什麼。尤其是當處於緊張狀態時，更是容易越說越快。因此這一題的正確
答案是「**B** 比平常再慢一點點」。當你察覺到自己正在緊張時，就要提醒自己
「說慢一點」，這樣的語速才能讓對方聽起來剛剛好。

情境 4
演講的時候應該看哪裡？

雖然我們常聽到「說話要看著對方的眼睛」，但是當現場同時有即時轉播的攝影機時，究竟應該看著攝影機，還是看著現場的聽眾呢？答案是「**B 聚集在現場的群眾**」。假如看著攝影機，不管是觀看即時轉播的人還是現場的聽眾，都會感覺到「演講者不重視現場的人」。

情境 5
演講時該說些什麼？

身為領導者在發表演講的時候，最重要的一點，就是要讓聽眾感覺到「這個人是來幫助我們的」，而不是「這個人是來對我們下命令的」。就算用請求口吻的命令，仍不是正確的選擇。所以這一題的正確答案，應該是「**A 只要大家同心協力，一定能創造好結果**」。只要大家都認為「跟著這個人就能創造好結果」，就會願意盡一己之力。

再次確認！

● 千萬不能讓他人產生不好的第一印象。
● 說話的時候，要確實看著眼前的人。
● 採取每個行動，都應該要想一下他人會有什麼反應。

在許多人面前演講時相當好用！

道具

最好選擇
計時開始及結束鍵
比較好按的手錶。

具馬表功能的手錶

一支具有馬表功能的手錶，可以用來確認自己的演講時間會不會過長。有些人開始演講之後，腦袋裡會不斷冒出想要補充的事情，滔滔不絕的說個不停，到最後發現根本沒有人在聽⋯⋯為了避免犯這樣的錯誤，一定要注意時間的分配，才能在預設的時間內結束演講。

打光燈

進行重要演講的時候，最好設置打光燈，讓自己的臉部表情看起來明亮清楚一些。聆聽演講的人，通常會看著演講者的臉，如果演講者的臉讓人看不清楚，往往會帶給聆聽者不好的印象。尤其是即時轉播的演講，通常聽眾只能看見演講者的上半身，這時就要更加注重「臉部的明亮度」。

照亮～

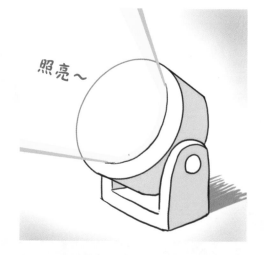

就算臨時要上臺也不用擔心！

💪 訓練

💪 「事前的準備」是演講的成功關鍵

為了在演講的時候確實傳達自己的想法，一定要事先做好準備的工作。因為如果不先設想好「要說哪些話」及「內容順序」，正式上場的時候腦袋可能會亂成一團。另外也建議在正式上場之前，找一個人當聽眾，把稿子實際從頭到尾唸一遍，除了可以知道自己哪些地方還不熟悉，在正式上場時也比較不會緊張。

💪 演講要多使用「肢體語言」

想要更清楚表達自己的想法，並吸引聽眾的注意，有一個好技巧，那就是使用「肢體語言」。但如果因為害羞，導致動作太小或速度太快，反而會讓聽眾覺得那是毫無意義的動作。因此一定要提醒自己「動作要大」及「放慢速度」，並且與演講的內容互相配合，也可以同時將上半身稍微往前傾。

決定班級股長的好方法

😈 先從大家會贊成的事項開始說起

在校園生活中，一定會遇上全班同學必須共同決定一件事的情況。例如挑選班級股長，或是要在校園發表會上表演什麼。

如果此時每個人都只顧著說自己的，場面就會變得亂七八糟，到最後往往只能用投票的方式來決定。

一旦發生這樣的情況，一定會有一些同學顯得興致缺缺，因為他們會覺得「明明另外一個提案比較好，為什麼大家都不採納。」想要避免發生這樣的情況，有一個重點一定要留意，那就是盡量「讓大家抱持相同目的」。意思就是要讓每個人都覺得「這麼做對我有好處」。例如挑選股長時，要讓某個人覺得「只要我接下這個工作，全班同學的校園生活就會更快樂。」而如果是發表會的主題，則是要讓大家覺得「選擇這個表演主題，可以留下美好的回憶！」

要做到讓大家達成「抱持相同的目的」共識，有兩點必須特別注意。

第一，這件事必須「對接下工作的人有好處」。如果某件事情對大家有好處，但會讓做的人覺得很痛苦，做的人也會做得心不甘情不願。「對接下工作的人有好處」是第一個重要的前提。

第二點，則是這件事必須「對所有人都有好處」。雖然「投票表決」是開班會時的常用手法，但這麼做有個問題，那就是會產生許多「覺得另一個提案比較好」的同學。因此就算最後還是得靠投票表決來決定，在那之前還是應該要盡可能想辦法讓「所有人」都覺得「這個做法比較好」。

「不想做」的理由是什麼？

沒有自信　　　　害怕

感覺會很累　　　不擅長做這件事

→ 只要能夠消除這些理由，自然會產生幹勁。

許多全班同學必須共同參與的校內活動，都得透過討論的方式決定實際的做法。但如果只是各說各話，最後往往沒辦法討論出共同的結論。像這種時候，建議可以採用以下的方法！

詳細討論所有人的「共同目的」細節

首先讓大家認同「對大家都有好處」後，接下來就要決定實際該怎麼做。舉例來說，在決定「合作股長」的時候，可能會有人不願意做，理由是「午餐打菜裝湯的時候會很燙」。當遇到這樣的狀況，主持者可以提問：「原來如此，那你覺得應該怎麼做，才能讓裝湯的時候不被燙到？」這時對方可能就會說出「戴手套」之類的具體解決對策。或者也可以將問題與所有同學討論，共同想出對策。像這樣一邊詢問每個人的意見，一邊決定事情，就能讓大家確實感受到「盡一己之力，對全班同學都有好處（會受到感謝）」。這麼一來，就比較能夠讓大家抱持「相同的目的」。

決定股長的小技巧

你認為什麼股長
對大家幫助最大？

應該是
合作股長吧。

那你願意接下
這個工作嗎？

好吧。

「什麼都不想做」的背後隱藏著什麼樣的心情？

在討論事情的時候，可能會有人什麼話都不說、什麼也不想做。這些人心裡抱持的想法，可能是「我覺得自己做不到，但我不想承認」。當你遇到這種人時，建議可以推他們一把，讓他們好好思考「有什麼事是我能做的」。

下一關預告

找出願意提供協助的同伴！

魔男好不容易才以新魔王的身分，

在妖魔們的面前完成了一場演講。

正想要喘口氣，手下們竟然說：「接下來還會越來越忙。」

似乎是因為魔界太久沒有魔王，很多工作都堆著沒做。

工作實在太多了，一個人絕對做不完！

看來只好找那些妖魔長老們幫幫忙了！

問題是魔男才剛到魔界，人生地不熟，要怎麼找到同伴？

第2關

尋找同伴

第 2 關
尋找同伴

魔王的工作堆積如山！這麼多工作，一個人絕對做不完。雖然很想請妖魔們幫忙，但今天是首次見面，恐怕不會被信任。到底該怎麼做，才能讓妖魔們伸出援手？

第2關

尋找同伴！

啊！

你會
怎麼做？

選擇
A還是B？

能夠提高成功機率的小建議！

做任何事都要在大家看得見的地方
想要增加同伴，最重要的一點，就是要盡量讓所有人看見自己正在做什麼事。如果私底下偷偷做，反而會引來「那個人鬼鬼祟祟」的懷疑！

誠懇說出自己的心情
要讓他人願意與自己一同努力，首先必須老實傳達自己的心情。如果被發現說話有所隱瞞，就會很難獲得信任。

展現出絕不放棄的熱忱
如果被拒絕一次就輕易放棄，對方一定會認為「這個人只是嘴巴說說，根本沒什麼誠意」。所以希望對方成為同伴的話應該要傳達好幾次，讓對方看見自己絕不放棄的熱忱。

什麼樣的魔王會
讓你想幫忙？

情境 1　增加同伴的方法

要選哪一邊

A 實行恐怖統治

B 靠遊說讓大家成為同伴

魔王的工作實在太多了，所以得先找到願意幫忙的妖魔才行！是不是應該以魔王的身分下命令，讓膽小的妖魔乖乖聽話？還是應該靠遊說的方式，讓妖魔們答應幫忙？

正確答案請見第 38 頁

情境 2　應該表現什麼樣的態度？

要選哪一邊

A 展現出強烈的熱情

B 澈底保持冷靜

要讓初次見面的妖魔們伸出援手，並不是一件容易的事。應該表現出什麼樣的態度，才能在妖魔們的心中留下良好的印象？以充滿感情的口吻說話，或許比較容易傳達自己的心情，但搞不好會讓對方嚇一跳……

正確答案請見第 38 頁

情境 3　當懇求遭到拒絕

A　詢問理由，不輕言放棄　　要選哪一邊　　立刻尋找其他妖魔　B

我拒絕！

魔男懇求某妖魔負責某項工作，卻遭到對方拒絕。本來以為是很適合對方的工作，對方卻不買單。應該繼續纏著對方不放，詢問拒絕的理由嗎？還是應該立刻放棄，尋找其他候補人選？

正確答案請見第 38 頁

情境 4　發現了需要幫助的妖魔

A　對方答應成為同伴才幫忙　　要選哪一邊　　抱著期待對方成為同伴的心情先幫忙　B

正好遇到需要幫助的妖魔，只要自己幫了忙，或許對方就會答應加入同伴的行列。如果先說「你必須加入我們」當作交換條件，會不會讓對方感覺自己很卑鄙？可是二話不說就幫忙，要是對方事後不肯成為同伴怎麼辦？

解決　幫助

正確答案請見第 39 頁

情境 5　什麼時候開始對妖魔提供援助？

A　立刻採取行動　　　　　　　B　先訂定縝密的規劃

魔男決定要對需要幫忙的妖魔伸出援手。但是到底該在什麼時機點採取行動呢？魔男已經告訴妖魔「我會提供援助」了，而且對方似乎真的很困擾，應該早點行動才對。但是沒有先訂定縝密的計畫，事後要是發現缺東缺西，可能反而給對方添麻煩……立刻採取行動跟事先訂定計畫，哪一邊比較能符合對方的期待？

正確答案請見第 39 頁

對答案！

尋找同伴的行動

成功？失敗？　>>>　查看「提高成功率的方法」！

尋找同伴

\\ 正確答案是這個！ //

提高成功率的方法

為了拉攏更多同伴來完成魔王的工作，你做了哪些行動？這些行動是否能幫助你獲得更多的同伴？

情境 1
增加同伴的方法

任何人被命令做事情，都會感到不舒服。所以這一題的正確答案是「 **B** 靠遊說讓大家成為同伴」。想要增加同伴，最重要的是在剛開始的時候建立良好的信賴關係。

你們一定要聽我的～

胡亂
亂動

不然我
不起來～！

情境 2
應該表現什麼樣的態度？

如果是已經有交情的好朋友，以帶有激烈感情的說話方式確實比較能傳達心情。但是魔男與那些妖魔們並沒有任何交情，就算投入感情也很難引起對方的共鳴，讓對方理解自己的心情。所以這一題的正確答案是「 **B** 澈底保持冷靜」，將自己為什麼需要同伴，以及希望對方配合做什麼事，把所有對方想知道的事情都好好說明清楚。

情境 3
當懇求遭到拒絕

遭到拒絕的時候，會感覺自己不被理解，此時心情一定會很難過。但這種時候的正確反應，應該是「 **A** 詢問理由，不輕言放棄」。例如對方回答「我受了傷，沒辦法參與戰鬥」，這時提議「請你協助戰鬥以外的事情」，或許對方可能就會答應。只要知道對方拒絕的理由，就有機會讓對方點頭答應！

情境4
發現了需要幫助的妖魔

正確答案是「A 對方答應成為同伴才幫忙」。要說服他人單方面提供協助，並不是一件容易的事。但假如事先提出「我幫忙你，你也幫忙我」的交換條件，讓對方知道這麼做對雙方都有利，或許對方就會答應。相反的，假如事先沒有明說，對方事後答應幫忙的機率並不高。

情境5
什麼時候開始對妖魔提供援助？

通常需要他人幫助的，都是有急迫性的事情。因此正確答案是「A 立刻採取行動」。提供援助的時間拖得太晚，可能會讓對方感到相當失望。而且在等待獲得援助的時間裡，什麼都不能做，心情可能因此越來越急躁不安。這麼一來，就算後來得到援助，感謝的心情恐怕也會大減。

再次確認！

● 招募同伴必須兼具熱情與冷靜。

● 遭到拒絕的時候，應該詢問理由，並思考因應對策。

● 遇上需要幫助的對象，應該立即採取行動。

 道具

 隨身鏡

要讓身邊的人對自己有好感，就必須隨時注意自己的儀容整潔，不能老是頂著凌亂的頭髮、穿著邋遢的服裝。尤其是要面對許多人演講時，服裝儀容可說是非常重要。如果隨身能夠帶著鏡子，就能夠在演講前快速確認自己的服裝儀容，同時練習一下微笑。

 待解決問題清單

筆記本記錄的內容可能很多，例如與他人的談話內容，或是新掌握的資訊，都會一一寫在筆記本裡，很難快速瀏覽或看完，因此建議將「等待解決的問題」特別列成一張清單。只要將清單帶在身上，就算一時想不到解決對策，也可以隨時向他人求教，或是找時間慢慢研擬對策。

訓練

養成隨時切換心情的習慣

當希望某人成為同伴，卻遭對方拒絕時，心情一定會很差，內心可能會疑惑「是不是我做得不夠好」。但或許對方只是剛好在忙其他事情，所以沒有辦法答應，自己胡思亂想只是徒增煩惱而已。像這種時候，應該學會告訴自己「這本來就很難成功」、「今天運氣不太好」，說服自己不要太過在意。

準備一個能夠讓心情恢復冷靜的小魔法

今天的點心是……

別人說的話，有時會讓我們心裡很生氣。然而一旦回嘴，雙方一定會吵起來。因此建議準備一個只有自己才知道、能夠讓心情恢復冷靜的小魔法。例如「當快要生氣的時候就握一握拳頭」就是個不錯的主意。只要事先規定自己「一定要先施展小魔法才能繼續說話」，就不用擔心自己會說出什麼傷害對方的話。

想請人代替自己打掃的時候

確認對方的真正想法是一大重點

當受到他人拜託事情的時候，首先要做的事，就是確認對方的「真正想法」。為什麼呢？理由當然是對方可能會隱瞞真正想法，不願意說出來。不願意說的理由很多，例如對方的真正想法是「因為很怕兔子籠的臭味，所以希望找人代替自己在放學後打掃兔子籠。」但因為怕直接說出真正想法會被認為是「任性」，所以故意找了「因為放學後要上補習班」之類的假理由當作藉口。

雖然人可以隱藏自己的想法，但不管怎麼隱瞞，還是有可能被發現「好像有點怪怪的」。

不過，在沒有說出真正想法時，會讓人感到難以答應請託。有時只要知道了對方的真正想法，雙方就可以好好討論該怎麼做比較好。

例如可以反問對方：「放學我幫你打掃兔子籠，那中午你幫我打掃金魚缸，可以嗎？」像這樣互相溝通，最後就能找到雙方都能接受的做法。

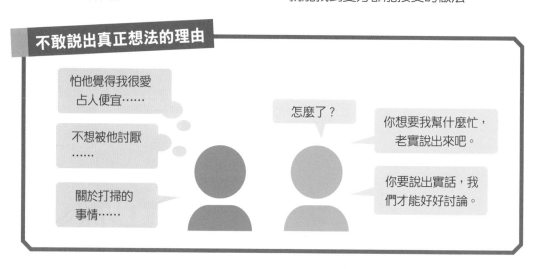

不敢說出真正想法的理由

怕他覺得我很愛占人便宜……

不想被他討厭……

關於打掃的事情……

怎麼了？

你想要我幫什麼忙，老實說出來吧。

你要說出實話，我們才能好好討論。

算大家說好要一起努力追求相同目標，畢竟總是有大家都不想做的工作。該怎麼樣在不強迫的前提下，讓某個人願意接下沒有人想做的工作呢？

找出雙方都能接受的結論

在進行溝通的時候，雙方各自都會有「希望對方這麼做」的想法。站在自己的角度來看，最好的結論當然是「對方照我說的去做，我什麼都不用做」。但是站在對方的角度，當然無法接受這種「只有我吃虧」的結論。天底下幾乎沒有人會願意單方面接納他人的要求。

因此雙方要取得「互相都能獲利」的結論，最好是讓「自己的希望」與「對方真正的希望」的分量相等。

舉例來說，像「互相交換便當裡彼此喜歡吃的菜」這種提議，由於對雙方都有好處，所以互相答應的機率較高。

換句話說，想要讓某個人接納自己的要求，最好的做法就是自己也接納對方的要求，達到「雙贏」的狀態。

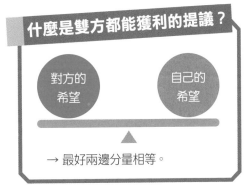

什麼是雙方都能獲利的提議？

對方的希望　　自己的希望

→ 最好兩邊分量相等。

同樣的道理，在進行溝通的時候，如果能夠事先預測對方的真正想法，溝通往往會順利得多。反過來說，如果沒有事先預想，或是預測錯誤，就必須花更多時間在尋找「雙方都能獲利的結論」上。所以，在正式開始溝通之前，能先正確預測對方的想法，是非常重要的環節。

如果得到的答案是「不太想」，一定要詳細追問理由

有時候向他人提出自己的要求，會得到「不太想」這種答案。說出這種答案的背後理由，其實是「雖然說不出原因，但總覺得有點不安」。像這種時候，只要詳細追問對方的想法，應該就能找到讓對方感到不安的真正原因。

下一關預告

找出雙方都能認同的結論！

好不容易讓妖魔長老們同意提供協助，魔男終於鬆了口氣。

沒想到就在這個時候，竟然有一大群人類，

從連結魔界與人類世界的洞窟攻打了過來！

而且在那些人類之中，還有一個名叫「勇者」的可怕傢伙。

「人類終於打過來了！」妖魔們一邊大喊，一邊直打哆嗦。

魔男身為魔王，當然必須保護魔界。

但如果可以的話，他實在不想和人類發生爭執……

第3關

妖魔與人類之間的仲裁者

第3關
妖魔與人類之間的仲裁者

身為魔王，當然要保護妖魔們。問題是人類為什麼會攻擊妖魔？有沒有什麼辦法能夠靠溝通來避免戰爭呢？總而言之……先確認狀況再說吧！

妖魔與人類
之間的仲裁者

嗯～

選擇
A還是B？

你會
怎麼做？

能夠提高成功機率的小建議！

永遠站在妖魔們的前方！
老是躲在後面下達指令，無法獲得妖魔們的信賴。必須讓妖魔們看見自己
身先士卒的模樣，才能成為妖魔們願意提供協助的領導者。

詢問對方的要求！
如果能夠靠溝通解決問題，避免戰爭發生，是再好不過了。總之先確認對
方的要求到底是什麼吧。

訂定雙方的協議！
兩個族群發生爭吵是很常見的事情，重要的是雙方必須訂定規則或協議，
避免再次發生同樣的狀況。

要怎麼樣才能
避免爭吵呢？

突然接到人類大舉入侵魔界的消息

 A 趕快蒐集武器

 要選哪一邊

趕快派人探聽前線狀況 **B**

聽說有一群人類冒險者侵入了魔界。人類與妖魔似乎從古至今發生過無數次紛爭……是不是應該趕快蒐集武器，才能與敵人交戰？還是應該先打探敵情？身為領導者，應該下達什麼樣的命令？

正確答案請見第 52 頁

人類的手上都拿著武器

 A 先「打」再說

 要選哪一邊

冷靜下來好好「溝通」 **B**

要率領妖魔與人類交戰？這真是最糟糕的狀況。不過，妖魔看起來比較強，真的打起來應該不會輸？可是搞不好只是一場誤會，如果雙方好好溝通或許能夠和平解決問題。到底該選擇什麼樣的做法，才對雙方都有好處？

正確答案請見第 52 頁

人類要求「交出全部的特產」

A 為了避免戰爭，只好答應　　要選哪一邊　先問問為什麼需要魔界的特產品 **B**

人類入侵的目的，似乎是為了取得魔界的特產。在人類的世界裡，魔界特產是非常珍貴的東西。只要答應這個條件，人類應該就會撤退，但交出全部特產，恐怕會影響一部分妖魔的生活。為什麼人類會突然提出這種要求，實在讓人想不透⋯⋯

正確答案請見第 52 頁

締結什麼樣的協議？

A 與人類世界的特產交換　　要選哪一邊　以人類不准再靠近魔界為交換條件 **B**

原來人類想要魔界特產，是為了製作藥劑。但如果毫無條件提供，對魔界並不公平。假如能夠交換一些在魔界有價值的東西，相信妖魔們也會感到開心。或者也可以選擇要求人類不准再靠近魔界，避免未來再次發生糾紛。應該選擇哪一種做法呢？

正確答案請見第 53 頁

情境 5 ## 協議的有效期限該設定多長？

A 長一點　　　要選哪一邊　　　短一點 **B**

協議的有效期限，應該長一點，還是短一點？期限長的話，相同的條件會維持很長一段時間，對雙方來說都會比較好理解。但是期限短一點比較能常常視情況調整，每次更新條約都能適度修改內容，似乎較不容易發生紛爭……應該選擇哪一邊呢？

正確答案請見第 53 頁

對答案！

與人類進行談判

成功？失敗？ >>> 查看「提高成功率的方法」！

第**3**關
妖魔與人類之間的仲裁者

正確答案是這個！
提高成功率的方法

為了與人類進行談判,你做了哪些選擇?這些選擇是否正確?你的選擇是否迴避了與人類的戰爭,同時守護了魔界?

情境 **1**
突然接到人類大舉入侵魔界的消息

身為領導者的最重要職責,是對所有人下達正確的指令。在發生緊急事態時,首先應該做出「什麼才是當務之急」的判斷。一旦下達錯誤的指令,就會讓所有的行動都變成白費力氣。因此正確答案是「**B** 總之趕快派人探聽前線狀況」。

勇者的隊伍都是3～4人

情境 **2**
人類的手上都拿著武器

正確答案是「**B** 冷靜下來好好『溝通』」。沒有人會毫無理由的發動攻擊,通常是因為心中抱持著不滿或有所求,才會試圖以武力來解決。因此首先應該要問清楚對方的不滿或要求是什麼。有時候透過自我省思,也有可能發現造成對方不滿的原因。

情境 **3**
人類要求「交出全部的特產」

輕易答應對方的要求,有可能會讓對方誤以為己方「不論任何要求都會同意」。為了避免未來再發生相同的事,還是應該好好溝通才行。所以正確答案是「**B** 先問問為什麼需要魔界的特產」。只要知道人類想要魔界特產的原因,雙方就能共同討論出對雙方都有利的做法。

締結什麼樣的協議？

就算雙方締結了「人類不准再靠近魔界」的協議，人類也不見得會乖乖遵守。因此正確答案是「Ⓐ 與人類世界的特產交換」。因為這樣的條件對人類來說並不壞，只要能夠建立起互惠的關係，人類就沒有理由再攻打魔界。妖魔能夠取得夢寐以求的人類特產，應該也會很開心。

協議的有效期限該設定多長？

協議中規定的事情，雙方都不能更改。如果有效期限設得太長，在出現需求改變的情況時，雙方可能因此覺得先前的條件不再有利，不滿因而逐漸累積，導致糾紛再度爆發。因此正確答案是「Ⓑ 短一點」，先以較短的期限試著運作，如果狀況沒有改變則可以直接延長協議。而如果狀況已經改變，也可以視情況重新進行交涉。

再次確認！

● 所有的問題都應該立刻與同伴合力解決。
● 尋找對雙方都有利的方法。
● 首先針對當前的狀況達成協議。

道具

有行事曆的記事本

有行事曆的記事本，可用來記錄重要事件與活動。例如可能會忘記一個星期之後的預定計畫，這時就可以先記錄下來。此外像是向朋友取回借出的東西，或是預定要出門的日子等等，都可以事先做個紀錄。只要養成每天翻看行事曆記事本的習慣，就不會再發生忘記重要考試或與朋友的約定之類的情況。

國語辭典

隨身帶著國語辭典，在看書或與他人交談後，只要遇上不懂的字詞，馬上就可以拿出來查詢意思。袖珍版的國語辭典能夠放進提包或背包裡，不管在哪裡都能隨時拿出來。或是可以使用電腦、手機或平板查詢線上字典或辭典。（不過要保持電器用品電力在魔界並不容易。）

國語辭典

身為領導者應該具備什麼樣的能力？

訓練

體力也是不能缺少的能力！

要完成身為領導者的各種使命，往往必須東奔西跑，所以體力也很重要。建議每天慢跑，增強自己的基礎體能！如果覺得每天慢跑很難達成，可以先嘗試規定自己在「星期幾」去跑步或「跑多久」。只要養成習慣之後，漸漸就會養成運動習慣了。

在氣勢上不能輸人！

每當遇上咄咄逼人的對象時，大多數的人都會忍不住想要讓步或退卻。像這種時候，應該要保持冷靜，等對方說完後，可以整理對方的說詞，詢問對方：「你的要求是○○，是嗎？」只要自己冷靜應對，對方也會漸漸變得理性，這麼一來雙方就可以好好溝通了。

如何化解「禁止打電動」危機

先預測對方可以接納的己方要求

在交涉的時候，最好的情況當然是對方百分之百接納自己的要求。然而一旦碰觸到對方的底線，對方絕對不可能退讓。因此在交涉之前，有一件事非常重要，那就是事先準備一些「對方或許勉強能夠接受」的提議。

尤其是當希望對方接受的條件有些強人所難時，更是必須仔細推敲出對方心中「YES」跟「NO」的界線，才能設定出最恰當的提議。舉例來說，假設媽媽認為你「每天都在打電動」，因此規定你「以後不准再打電動」。這時

如果你提議「以後我會減少打電動的時間」，或許最後她會接受。在這個例子裡，最重要的關鍵就在於「要提議多久的時間，媽媽才會接受」。假設你每天打電動時間是2小時，而你提議縮短10分鐘，相信媽媽絕對不會同意。但如果你的提議將時間縮短為一半，也就是1小時，或許媽媽會覺得勉強能夠接受，兩者的結果可說是截然不同。媽媽不希望你打電動，是因為擔心打電動影響課業，所以你必須在這樣的認知下，提出媽媽或許能夠接納的提議。

站在對方的立場能夠解決問題的提議

只會打電動，都不寫作業！

得禁止他打電動，他才會乖乖讀書！

以後禁止你打電動！

不要啦！

我會減少1小時打電動的時間來寫作業，拜託不要完全禁止！

交涉的成敗，取決於事前是否充分準備。想要討論出具體的結論，首先必須搞清楚對方絕對不肯退讓的底線，以及自己願意做什麼事來當作交換條件。

寫在紙上能夠讓界線更加清楚

在進行交涉的時候，對方心裡一定會有「ＹＥＳ」跟「ＮＯ」的界線。只要能夠事先預測出這條界線，交涉的過程就會非常順利。但有一點必須注意，那就是條件要雙方都覺得合理滿意，不要過分低於期望值。因為一旦覺得自己太吃虧，就算最後交涉成功了，事後反而會想要抱怨，所以在實際進行交涉之前，建議先好好想清楚「自己的要求與對方的要求差不多一致」的界線在哪裡。同樣舉前面那個禁止打電動的例子，媽媽的真正要求其實不是「禁止打電動」，而是「增加投入課業的時間」。因為你花太多時間在打電動上，媽媽才會想要禁止你打電動。如果你希望讓媽媽接受「隨便打多久的電動都可

預測對方的反應

A：減少10分鐘

B：減少1小時

C：答應以後先寫完
    作業再打電動

A應該是不可能，只能從Ｂ、Ｃ之中選擇了。

以」這個要求，你就必須同時提出讓她感到可以接受的「交換條件」。

提議內容可以從各種不同的方向思考，縮短打電動時間只是其中之一。只要事先想像對方的反應，應該就能預測什麼樣的「交換條件」能夠讓對方接受。以打電動這個例子來說，或許「答應以後先寫完作業再打電動」才是最能讓媽媽接受的交換條件。

把想法寫在紙上，有助於釐清思緒

如果想要把腦袋裡亂成一團的想法好好整理一番，「寫下來」是一個相當方便好用的方法。只要將「理由」、「對象」及「目標」全都寫下來，就能靜下心來好好思考該以什麼樣的順序進行說明。

召開魔界會議！

與人類的交涉進行得很順利，但是前任魔王所使用的魔杖卻告訴魔男，

這次的事件讓許多妖魔都感到很不安。

而且住在魔界的妖魔大多過著自由自在的生活，

因此「團結力」恐怕是個很大的問題。

但全部的妖魔一定要團結在一起，才能夠守護魔界的和平！

於是魔男決定召開一場魔界會議，

首先必須決定要邀請哪些妖魔參加，以及要討論什麼議題。

第4關

召開一場魔界
會議吧！

召開魔界會議的日子即將到來。為了讓會議能夠順利進行，得先決定會議上要討論的主題才行。想要以新魔王的身分統治整個魔界，必須完成的工作真是堆積如山啊。

第4關
召開一場魔界會議吧！

你會怎麼做？

選擇 A 還是 B？

能夠提高成功機率的小建議！

思考如何讓妖魔們擁有幸福的未來
魔王的職責，是為妖魔們打造幸福的魔界人生。所以必須好好思考妖魔們會在什麼時候感到幸福，以及如何實現。

邀集更多的同伴
要彙整魔界內部的意見，必須聆聽更多妖魔的心聲。因此魔王應該邀請更多的同伴來共襄盛舉，避免在妖魔之中出現不滿的聲音。

會議的氣氛應該樂觀而積極
在會議上若是出現反對聲浪或是負面消息，恐怕會影響全體妖魔們的士氣。因此不論發生任何事態，都應該抱持正面的應對態度，讓整場會議維持開朗氣氛。

魔界的未來發展

魔界應該朝什麼方向前進呢？

情境 1　該為魔界設計什麼口號？

A 「打倒萬惡人類！」

要選哪一邊

「讓魔界更加豐饒富裕！」 **B**

決定口號！

利用口號來讓妖魔們知道，新的魔王想讓魔界朝著什麼樣的方向發展！較弱小的妖魔都很害怕人類的侵略，而力量強大的妖魔則抱著打倒人類的企圖心。什麼樣的口號才能凝聚所有妖魔的向心力呢？

正確答案請見第 66 頁

情境 2　如何挑選魔界會議的參加者？

A 以妖魔長老為主

要選哪一邊

總之邀集越多妖魔越好 **B**

魔界會議是一場決定魔界重大決策的會議，問題是應該如何挑選參加者呢？是否應該為了公平聆聽所有妖魔的意見，盡量讓多一點妖魔參加會議？但是人多嘴雜，參加者的人數太多的話，可能會讓會議難以討論出結果，是否應該只邀請妖魔長老參加？

正確答案請見第 66 頁

情境 3 應該先制定什麼規則？

A 魔界的強度階級

要選
哪一邊

B 魔界的工作分配表

應該為魔界制定什麼樣的規則？是力量大小階級表，讓妖魔們知道制定應該服從誰的命令？還是應該制定工作分配表，好讓妖魔們知道各自應該要做什麼工作？

正確答案請見第 66 頁

情境 4 應該向出席者詢問什麼問題？

A 最想做的工作

要選
哪一邊

B 最不想做的工作

在會議上，應該向妖魔們討論什麼問題？是他們最想做的工作，還是最不想做的工作？如果人人都做最想做的工作，當然會很有幹勁，但總不能讓所有妖魔都做一樣的工作。然而如果指派某個妖魔做他最不想做的工作，他又會喪失幹勁……該怎麼進行討論呢？

正確答案請見第 67 頁

情境 5 應該相信哪一邊？

| A | 占卜師的預言 | 要選哪一邊 | 專家蒐集的資料 | B |

鐵口直斷 占

魔男不知道什麼樣的做法在魔界比較有效，也不知道當拿不定主意時該以什麼資訊為依據。聽說從前魔界有好幾次被占卜師的預言所拯救的紀錄，但如果是在人類的世界，應該是專家蒐集的資料比較值得信賴。「占卜師的預言」與「專家蒐集的資料」，到底哪一邊對魔界的未來更有幫助呢？

正確答案請見第 67 頁

對答案！

魔界會議

成功？失敗？ 〉〉〉 查看「提高成功率的方法」！

\正確答案是這個！/
提高成功率的方法

為了打造一個讓妖魔們都能安居樂業的魔界，你召開了一場整合妖魔們的魔界會議。不過，你是否採取了正確的行動？

情境1
該為魔界設計什麼口號？

害怕人類侵略的弱小妖魔，不會希望與人類發生戰爭。就算是強大的妖魔，與其因為戰爭而受傷，應該還是選擇豐衣足食的生活會幸福得多。所以正確答案是「**B** 讓魔界更加豐饒富裕！」。

讓魔界更加豐饒富裕！

情境2
如何挑選魔界會議的參加者？

雖然會議的參加人數太少會給人「擅自決定」的感覺，但如果參加人數太多，就不容易整合意見。因此一場討論重要決策的會議，參加的人數最好還是不要太多，所以這一題的答案是「**A** 以妖魔長老為主」。在學校裡，全校性的學生會議是由彙整了班上意見的各班代表出席參加，因此魔界會議也一樣。

情境3
應該先制定什麼規則？

身為魔王的職責，是實現口號中所說的「讓魔界更加豐饒富裕」，打造一個讓所有妖魔都能快樂生活的魔界。因此最重要的規則並不是區分出誰強誰弱，而是決定出各自應該要做什麼事。所以正確答案是「**B** 魔界的工作分配表」。分配工作給所有妖魔，讓大家都沒有怨言，是魔王身為領導者的重要責任之一。

應該向出席者詢問什麼問題？

正確答案是「Ⓐ 最想做的工作」。首先讓大家說出自己最想做的工作，然後透過溝通來分配工作內容。要讓所有人都做自己想做的工作，確實不太可能，但如果一直討論大家不想做的工作，會議的氣氛會變得越來越糟糕唷！

應該相信哪一邊？

魔界占卜師的預言並沒有任何根據，但是專家蒐集的資料能找到合理的根據及佐證。相較之下，專家的資料比較值得信賴，所以正確答案是「Ⓑ 專家蒐集的資料」。在決定一件事情的時候，建議可以先蒐集過去發生的案例及事件原由，與現在的狀況進行比較。假如找到類似的案例，就能夠用來推測未來的可能結果。

再次確認！

- 想想看，如何才能讓魔界變得更加豐饒富裕。
- 讓參加會議的成員多提出一些正面積極的意見。
- 根據最新資料找出未來的正確方向。

啪啪啪　第 **4** 關　**過關！**

道具

圖畫紙

好不容易決定了口號及工作分配，如果不小心忘記的話，那就變成白費力氣了。為了避免忘記，也能方便大家隨時確認，應該把結論寫在像是圖畫紙的大紙張上，並張貼在顯眼的地方。只要讓大家隨時都能看得見，實行的效力就能夠長久維持。

便條紙

便條紙除了能夠寫上留言貼在冰箱上，以及用來在辭典裡為看不懂的字詞做記號之外，在進行討論時也適合用來整合意見。例如在開班會或討論班級事務的時候，可以將大家的意見寫在便條紙上，並一一張貼出來。除了可以清楚呈現所有意見，讓整合意見變得更加簡單。

開會之前有哪些準備工作？

💪 訓練

💪 清楚每個人在會議上的職責

開班會的時候，會有主席、司儀、紀錄及發表者等，這些人在會議中的職責都不相同。記住自己的負責事項當然很重要，如果可以的話，最好把其他人的負責事項也記在心裡。唯有了解所有人的工作內容，才能清楚掌握整個工作的全貌。當掌握了工作的全貌，如果有哪個環節出了問題，或是需要幫助，就能夠立刻察覺、協助。

💪 隨時提醒自己說話要落落大方

有時我們會遇上發言者的聲音聽不清楚的情況，通常是因為發言者缺乏自信，說話聲音太小，或是因為發表者在低頭讀稿子，沒有把話好好「說清楚」。一旦聲音太小，馬上就會被臺下的人發現講者沒自信，所以應該提醒自己從頭到尾都要大聲說話。另外，準備稿子的目的是為了避免突然忘記重要的主題提醒用，而不是為了用來逐字照念。

持續爭執只會造成損失

每個人都認為自己的意見最正確

在進行交涉的過程中，因為想法不同而出現意見分歧是很常見的事，畢竟每個人都會認為自己的意見才是最正確的。就像一個喜歡上體育課的人，沒有辦法想像有人會不喜歡上體育課。

當兩個互相無法理解的人在進行交涉時，必須特別注意的重點，就是不應該在交涉時抱持「先入為主」的想法。所謂的「先入為主」，指的是在不夠清楚的情況下，擅自認定「一定是這樣沒錯」。一來對方的想法不見得和自己相同，二來任何人在遭人認定「你就是這樣」的時候都會感到氣憤，想要全力否定。在這樣的氣氛下，雙方很容易發生爭吵。舉例來說，當兩個人在交涉「要不要交換打掃區域」的時候，如果其中一方認為「你負責的那邊一定比較髒，打掃起來比較累」，因此認定對方「居心不良」，雙方一定會發生爭吵，這麼一來當然交涉也就不可能成功。為避免發生這樣的狀況，「先讓對方把話說完」是一個相當重要的原則。

不要抱持「先入為主」的想法

你只是想占便宜而已！

我可不會只讓你占便宜！

明明是個好提議，為什麼你不聽我說完？

竟然還凶我，真是太過分了！

我希望的條件是……

在進行交涉的時候，我們往往會抱持先入為主的想法，認為「一定是這樣」。然而爭執就是由此產生，所以我們應該好好聽對方解釋，不要一開始就抱持刻板印象。

個人的「刻板印象」會讓意見磨合變得困難

有些人明明沒有足夠的知識，卻喜歡靠著模糊的記憶或刻板印象來發言。在進行交涉的時候，這會造成意見磨合變得非常困難。不只是說話的一方要留意這個問題，聆聽的一方也要特別注意。舉例來說，假設有人說：「大多數的日本人在早上都吃米飯。」那麼，聆聽者一定要進一步詢問對方這麼說的根據。或許對方說出這句話，完全只是根據「他家」的情況做出判斷。若聆聽者此時只是回應「原來如此」就結束話題，事後才發現其實不是這樣，就還得重新交涉一次，平白浪費時間。

建議的做法是假如對方說不出根據，那就只要回答「這確實有道理，不過我們聽聽別人的意見」就行了。不要

自己認為的常識就一定對嗎？

> 麵包一定要配奶油或紅豆餡！

> 那是只有你家才這樣吃吧？

採納說不出根據的意見，而是要另外花時間蒐集說得出根據的意見，再來進行交涉。當然在表達自己意見之前，也應該多閱讀書本，多看看新聞，做好萬全的準備，以免同樣被對方以「沒有明確的根據」為理由不加採納。

但是在求證的時候，如果看的是網路上的留言，一定要特別謹慎小心。因為就算是在社群軟體或網站上很多人說的話，也有可能是假的。

想要說服他人的時候，一定要準備好可信度高的資訊
例如在討論校園發表會要表演什麼的班會上，如果能夠事先得知討論的內容，建議做好充分的準備，增加獲得同學們贊成的機率。只要能夠事先準備好「從報紙或圖書館的書之類可靠來源獲得的資訊」，就比較能夠獲得同學們贊成。

對抗最強勇者!

魔界會議平安落幕了!魔界變得更加團結了!

正當魔男感到欣慰的時候,

竟然接到人類世界的「最強勇者」正在接近魔界的消息!

許多妖魔都已經被最強勇者的隊伍打倒了!

這樣下去,魔界恐怕會完蛋……

無論如何一定要重整魔王軍,

打敗最強勇者才行!

第5關
對抗傳說中的勇者

第5關
對抗傳說中的勇者

突然登場的勇者隊伍,對魔界發動了奇襲!魔
男身為魔王,總不能束手就擒!想辦法利用魔
界的地形及特色,擊退勇者和他的夥伴吧!

第5關
對抗傳説中的勇者

你會怎麼做？

選擇A還是B？

能夠提高成功機率的小建議！

以所有妖魔們的安全為重！
在遇上危機的時候，首先應該思考的是確保己方安全的方法。到底應該怎麼做，才能夠化解危機呢？領導者必須冷靜下來，才能做出正確的判斷。

· ·

預測敵人的行動！
勇者隊伍可説是最危險的敵人，有沒有辦法預測他們接下來的行動呢？只要事先設想好各種可能性，就不會因為不知所措而手忙腳亂。

· ·

就算居於劣勢也不要驚慌
不管是事先想好的戰術行不通，還是遇上其他緊急事態，「臨危不亂」都是重要的原則。可以多詢問周遭同伴們的意見，設法度過難關。

· ·

該怎麼做才能打敗勇者，我們一起思考吧！

情境 1

該讓妖魔們躲在哪裡呢？

A 洞窟　　　要選哪一邊　　　老舊碉堡 **B**

如果要指揮妖魔們躲避勇者隊伍的攻擊，應該讓妖魔們躲在哪裡呢？洞窟裡黑漆漆一片，什麼也看不到，或許敵人會放棄尋找……但選擇老舊碉堡，似乎比較能確認敵人的動向……

正確答案請見第 80 頁

情境 2

用魔力讓敵人睡著！

A 負責攻擊的魔法師　　　要選哪一邊　　　負責回復體力的僧侶 **B**

雖然妖魔們因為遭受奇襲而亂了陣腳，但接下來他們要發動反擊了！似乎能夠用魔力讓敵人睡著，但對象只能選擇一人……該選擇勇者隊伍中負責攻擊的魔法師，還是負責回復體力的僧侶呢？

正確答案請見第 80 頁

應該把敵人引誘到哪裡？

A 毒沼　　　　要選哪一邊　　　　岩漿區 **B**

勇者隊伍的其中一名成員睡著了！勇者決定採取速戰速決的策略 —— 朝著魔王城發動猛攻！看來他也心急了吧。這時有個機會，能將勇者隊伍引誘到陷阱區域裡！應該選擇只有人類會麻痺的毒沼，還是連勇者也會瞬間完蛋的岩漿區？

正確答案請見第 80 頁

如何在森林裡干擾勇者隊伍的行動？

A 派出強壯的大型妖魔　　要選哪一邊　　派出動作靈活的小型妖魔 **B**

勇者隊伍穿過了陷阱區域，來到了森林之中。為了讓弱小的妖魔們有時間逃走，得想辦法干擾勇者隊伍的行動才行！應該派出比樹木更高大的強壯妖魔阻擋他們嗎？還是應該派出動作靈活的小型妖魔，在沿路上不斷發動偷襲？

正確答案請見第 81 頁

勇者已經來到了魔王城附近！

要選哪一邊

A 固守城池　　　　　　　　　　　出城迎擊　**B**

妖魔這一方雖然使用了各種戰術，勇者隊伍最後還是成功穿過森林，來到了魔王城附近。當初沒有妖魔預料到勇者竟然能攻打到這裡來……是不是應該趁勇者隊伍還沒抵達城門外，趕緊派出大量妖魔迎擊？還是應該躲在魔王城裡，大家同心協力守住城池？

正確答案請見第81頁

對答案！

對抗傳說中的勇者

成功？失敗？ >>> 查看「提高成功率的方法」！

對抗傳說中的勇者

\\ 正確答案是這個！//

提高成功率的方法

可怕的勇者隊伍忽然出現在和平的魔界！你是否能夠保持冷靜，與妖魔們同心協力對抗強敵？

情境1
該讓妖魔們躲在哪裡呢？

正確答案是「**B 老舊碉堡**」。要是躲進洞窟裡，一旦勇者隊伍攻打進來，恐怕會無處可逃。相較之下，碉堡本來就是為了戰爭而建造的建築物，不管是防守還是逃走都會比較容易，何況還是妖魔們比較熟悉的碉堡，相信能夠讓戰況變得較為有利。

情境2
用魔力讓敵人睡著！

只要敵人隊伍有負責回復體力的僧侶在場，不管再怎麼攻擊都沒有意義，因此正確答案是「**B 負責回復體力的僧侶**」。勇者隊伍要一邊保護睡著的同伴，一邊與妖魔軍隊交戰，馬上就會陷入劣勢。而且又沒有僧侶能為他們回復體力，或許最後他們會打退堂鼓。

情境3
應該把敵人引誘到哪裡？

正確答案是「**A 毒沼**」。岩漿區的岩漿威力十足，就算是勇者本人碰到也會瞬間完蛋，聽起來很棒，但妖魔在這裡也同樣危險。因為妖魔也可能掉進岩漿裡，而且勇者在這裡會特別謹慎小心，所以岩漿區是雙方都應該避免的危險地帶。相較之下，毒沼的毒素只會對人類發揮作用，而且勇者隊伍正處於沒有辦法回復體力的狀態，毒沼一定能對他們的戰力造成相當大的打擊。

情境4
如何在森林裡干擾勇者隊伍的行動？

正確答案是「**B** 派出動作靈活的小型妖魔」。若移動中的勇者隊伍被小型妖魔的游擊戰術搞得暈頭轉向，前進的速度就會大幅降低，可以讓弱小的妖魔們有時間逃進魔王城內。大型妖魔在森林裡會因為樹木干擾而無法發揮全力，與勇者隊伍交戰時容易趨於劣勢。

情境5
勇者已經來到了魔王城附近！

派出魔王城的守衛妖魔迎戰勇者隊伍，很可能會遭到擊敗。不如讓所有的妖魔同心協力防守魔王城，當初逃入魔王城的妖魔們也能為守護魔王城盡一份心力。所以正確答案是「**A** 固守城池」。魔王城裡儲存了許多食物及武器之類的補給物資，這點也比勇者隊伍有利得多。

再次確認！

● 待在熟悉的環境裡，比較能夠發揮實力。

● 隨時都要思考「接下來事態會如何演變」。

● 把工作交給在那個環境下最能發揮實力的人才。

🎁道具

🎁 急救說明手冊

建議平常隨身攜帶急救說明手冊，以備不時之需。當自己或同伴身體不舒服或受傷時，可以從手冊中查到該如何進行急救。尤其是當周圍沒有大人在，或是要花很久的時間才能到醫院時，初步處理傷口與急救可以幫助病患或傷者撐過一段時間。

🎁 攜帶型投影機

投影機能夠將影片或照片投影在牆壁上，可說是非常方便。平常可以和朋友一起回顧從前拍的影片，開會的時候也可以讓與會人員看見自己準備的照片，或是自己彙整的資料。攜帶型投影機的體積相當小，不管要帶到哪裡都沒問題。

 訓練

 鍛鍊邏輯分析能力

想要預測事態的發展，或是想要在緊要關頭想出好點子，平常就應該對大腦多多進行訓練。不管是益智玩具還是棋類遊戲，都能夠訓練預測能力，也能增強記憶力，並有助於增加緊急狀態下的靈感誘發能力。

繪製地圖

當你要前往陌生的地方時，如果手邊有地圖，就不用擔心會迷路。平常多多練習繪製從所在位置前往目的地的地圖，能夠獲得迅速判斷出「哪一條路可能通往哪裡」及「前往目的地的最短路線」的研判能力。

讓他人願意接受請求的小技巧

交涉之前應該要釐清的不是目的，而是目標

　　每個參與交涉的人，內心都會抱持一個大方向的目的，那就是「希望對方接受自己的要求」。但如果是一場參與者眾多的交涉，通常不會有任何一方提出的要求受到全盤採納。因為參與的人越多，不同的想法就越多，任何一方的要求都有可能聽到更多反對的聲音。

　　假如我們想要讓所有對象都接受己方的要求，通常必須做出某種程度的讓步。也因為這個緣故，在實際進行交涉之前，我們必須要釐清除了雙方的「目的」之外，還有「希望要求內容獲得多

少程度的採納」，也是雙方交涉的「目標」。

　　舉例來說，在學校舉辦的露營活動中，假設有兩個小時的自由時間，同學們可以自由討論要一起做什麼。這時一定會有同學想要在這段時間玩水或進行其他體能活動，也會有同學想做的是釣魚或在森林裡散步之類相對靜態的活動。像這樣的情況，可以在交涉前先決定好自己的底線，例如「至少要有1個半小時是體能活動時間」，並且以此作為交涉的「目標」。

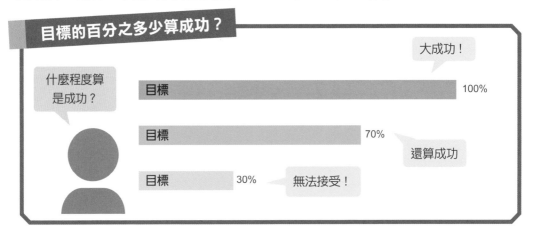

目標的百分之多少算成功？

什麼程度算是成功？

大成功！
目標 100%

目標 70%
還算成功

目標 30% 無法接受！

當我們與他人進行交涉的時候，雙方必定都抱持著希望對方接受某件事的想法。因此我們首先必須清楚確認雙方到底希望對方做到什麼樣的程度，也就是明確釐清雙方的「目標」。

問出對方的目標，思考折衷方案

在進行交涉的時候，剛開始提出的內容當然是自己的要求或希望對方做的所有事情。但是不能一開始就認定對方百分之百會接納，重要的是還要知道對方的目標。

以前面的自由活動時間為例，假設前提是一定要有一段時間是所有人一起行動，而兩邊的目標都是「至少要有1個半小時是做自己喜歡的活動」，這種情況就要討論「剩下的30分鐘要做什麼」。

假設有人提議「體能活動與靜態活動各1個小時」，另一人提議「剛開始大家一起進行體能活動，30分鐘後就分開來各玩各的」。第一個提議乍看之下最公平，但其實雙方的目標都沒有

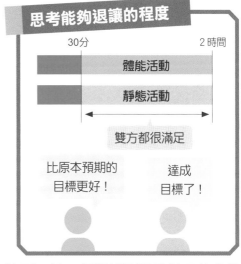

思考能夠退讓的程度

30分　　　　　　　　　　　2時間

體能活動

靜態活動

雙方都很滿足

比原本預期的目標更好！

達成目標了！

達到。第二個提議則是雖然不算非常公平，但喜歡體能活動的同學能玩2小時，喜歡靜態活動的同學也能玩1個半小時，雙方都達到了目標。

交涉的時候，就是要尋找像這樣能夠達到雙方目標的方案。

重要的不是「公平」，而是「讓所有人都能接受」

以「幫忙搬東西」為例，假如規定「每個人搬2個」，乍看之下很公平，但其實國小一年級與國小六年級的體格差異非常大。這時如果改成「以體格來決定搬的數量，雖然好像沒那麼公平，但是大家都能夠接受，這就是交涉時應該追求的目標。

復興魔界！

勇者隊伍雖然撤退了，但臨走前卻恐嚇道：

「半年之後，我們會回來報仇！」

「勇者是個完全不肯接受談判的人，想必他一定會說到做到吧。」魔男想。

為了對抗勇者，魔界的妖魔們勢必還得再團結一次才行。

過去所有的決策都是由少數妖魔決定，但以後這樣的做法可能必須改變。

如果能盡可能讓所有的妖魔都擁有相同的目的，

魔界應該能夠發揮更強大的實力！

第6關

復興魔界！

第6關
復興魔界！

勇者的入侵，讓魔界變得一團亂。要重振魔界的士
氣，所有的妖魔有必要齊聚一堂，共同研擬對策。按
照過去的做法，沒有辦法確保魔界的安全。為了提防
勇者再度來襲，全體妖魔必須更加團結一心！

第6關

復興魔界！

你會怎麼做？

選擇A還是B？

能夠提高成功機率的小建議！

抱持不同意見的妖魔必須攜手合作
唯有團結所有妖魔的力量，才能夠化解危機。就算是抱持不同意見的妖魔，也必須透過交涉，來建立相同的目的。

交涉必須做到公平！
交涉的重點，是不能讓結論只對任何一方特別有利，否則很難讓所有妖魔接受。既然沒有辦法接受，當然也就不會願意乖乖遵守約定。

事先預測對方的目的
在進行交涉之前，應該先推敲對方的想法，以及預測對方會提出的要求。只要能夠事先準備好答案，交涉過程就不會手足無措。

希望能討論出好方案！

情境 1 該不該和人類交戰,妖魔們各持己見

要選哪一邊

A 讓不同意見的妖魔盡情互相爭辯

B 在共同目標的前提下好好溝通

有些妖魔認為應該和人類好好相處,有些卻認為應該和人類全面開戰,意見不合的他們大吵了起來。雖然想勸他們別再爭吵,但是在這種場合下,是不是應該讓他們暢所欲言,不要阻止他們?還是應該想辦法先讓他們建立「復興魔界」這個共通的目標?身為領導者,該如何居中協調?

正確答案請見第 94 頁

情境 2 應該邀請哪些妖魔?

要選哪一邊

A 應該會乖乖聽話的自己人

B 各派妖魔的代表性人物

這場整合分歧意見的會議,應該邀請哪些妖魔來參加?反對某一方意見的妖魔要是太多,恐怕沒有辦法順利討論。雖然贊成自己意見的妖魔越多越好,但似乎也得聽聽反對者的聲音,免得他們的不滿情緒不斷累積……到底該怎麼做才對呢?

正確答案請見第 94 頁

91

與人類談判，該選誰當見證人？

妖魔大會的討論結果，決定與人類進行談判。在談判的時候，必須要有見證人才行。這個重責大任應該交給不偏袒魔界或人類世界任何一方的妖精女王，還是在魔界德高望重而且無所不知的妖魔長老呢？

正確答案請見第 94 頁

情境 **4**

如何做出最後的決定？

復興魔界的會議，要以什麼樣的方式作出最終的結論？是要討論到所有人都贊成的結論為止嗎？如果不設定一個截止時間，恐怕會議將永遠無法結束。到底該怎麼做才對呢？

只能討論到 10 點！

正確答案請見第 95 頁

情境 **5** 事前的準備工作

A 邀集強壯的妖魔   要選哪一邊   探聽人類將提出的要求 **B**

馬上就要與勇者談判了！得趕快進行最後的準備工作才行。現在最迫切需求是什麼呢？是能夠震懾對手的魔界最強妖魔嗎？還是為了預測談判時有可能發生的狀況，事先探聽人類有可能會提出的要求？想要讓談判會議順利成功，到底應該選擇哪一邊呢？

正確答案請見第 95 頁

對答案！

復興魔界的行動

成功？失敗？ >>> 查看「提高成功率的方法」！

復興魔界！

\\ 正確答案是這個！ //

提高成功率的方法

以復興魔界為目標的你，是否能在與勇者談判之前整合整個魔界，讓妖魔們團結一致？

情境 1
該不該和人類交戰，妖魔們各持己見

由於最終目標是「復興魔界」，爭辯「該不該和人類交戰」與目標無關。因此正確答案是「**B 在共同目標的前提下好好溝通**」。換句話說，必須讓妖魔們先冷靜思考「我提出這樣的意見是基於什麼目標」。

情境 2
應該邀請哪些妖魔？

只讓應該會贊成己方意見的妖魔參加，是不公平的做法，因此正確答案是「**B 各派妖魔的代表性人物**」。為了避免有妖魔心生不滿，應該盡量聽取各方的意見，不分贊成或反對。既然認為自己的意見是對的，更應該向反對的妖魔們好好說明理由，獲得他們的認同。

情境 3
與人類談判，該選誰當見證人？

正確答案是「**A 妖精女王**」。因為妖精女王不偏袒任何一方，由她當見證人，雙方才能在公平的狀態下互相提出要求及意見。如果讓妖魔長老當見證人，人類可能會懷疑「見證人偏袒妖魔方」，這麼一來，不管談判的結果是什麼，人類都很有可能會抱持不滿。

如何做出最後的決定？

要討論出人人滿意的結論，並不是一件容易的事。如果以所有人都贊成為目標，只要抱持反對意見的人持續反對，會議就會沒完沒了。因此正確答案是「**B 必須在規定的時間內討論完畢**」。但反過來說，正因為有時間限制，所以在時間內必須盡可能找出大家都能接受的方案。這麼做的原因並不是要「強迫決定贊成還是反對」，而是要「找出能夠達成最終目的的方法」。

事前的準備工作

想以凶惡的外表或態度嚇唬對手，絕對是錯誤的想法。不僅不會有效果，還會讓對方感覺沒有談判的誠意，到頭來吃虧的是自己。因此這一題的正確答案是「**B 探聽人類將提出的要求**」。在談判的時才得知對方的要求，恐怕很難立刻做出正確的判斷。在談判前應該要探聽清楚對方將提出的要求，先想好要怎麼回答。

再次確認！

● 剛開始應該要建立「一定要讓會議成功」的共識。
● 應該盡可能讓抱持不同意見的人參加會議。
● 會議的見證人，應該選擇不偏袒任何一方的人物。

第6關 過關！

道具

筆記文具

準備一個筆盒或筆袋，在裡面放入直尺、奇異筆及黑紅藍三種顏色的原子筆。如果能夠備齊各種顏色及粗細的奇異筆及原子筆，不管遇上什麼狀況，都會更加方便。例如要在大張的紙上寫字，就用粗的奇異筆；想要寫小字就用細的奇異筆。

筆記本

筆記本是用來寫下重要事項，方便事後回顧及查看。最好選擇能夠放得進口袋的袖珍型筆記本，大尺寸的筆記本不易翻閱，而且如果想要把別人說的話記錄下來，就可以取出袋裡的筆記本使用，十分方便。要注意字最好寫得工整一點，才不會連自己也看不懂。

 訓練

聽取意見的能力

很多人在會議上一心只想著要表達自己的意見，但其實聆聽他人的意見就跟表達自己的意見一樣重要。假如每個人都只管表達自己的意見，那就不能算是會議了。因此在會議上應該盡可能傾聽別人的意見，從中找出對自己有用的部分，同時確認跟自己的意見的差異。

長話短說的能力

想像一下當別人說話很冗長時，自己的感受吧。是不是會覺得很煩，而且容易忘記內容？因此在會議上要向他人表達意見時，一定要牢記長話短說的原則。由於我們平常說話時不會刻意這麼提醒自己，因此需要一些練習才能習慣精簡的說話方式。首先自我檢查看看，自己是否會把同一句話反覆說好幾遍。

有「裁判」就比較不容易吵架？

😈 有冷靜的第三方在場，比較不會發生爭執

在進行交涉的時候，雙方為了讓對方接受己方提出的要求或意見而爭吵，是很常發生的狀況。許多家庭都會發生的父母口角，就是最好的例子。

例如在討論假日要去哪裡玩時，父親說的都是他自己想要去的地方，這時母親可能會氣呼呼的說一句「全家人去那種地方有什麼意思」，兩人就這樣吵了起來，到最後還是沒有決定要去哪裡。你是不是也曾見過父母為這樣的事情吵得不可開交？

想要避免發生這樣的狀況，最好的方法就是找一個不偏袒任何一方的第三方居中仲裁。

舉例來說，兩個同學一起到圖書室借書，卻發生想借同一本書的情況。這時如果沒有任何一方想要讓步，當然就會發生爭執。這時如果找管理圖書室的同學居中仲裁，讓這個同學聽完兩人的說詞後作出判斷，事情往往就可以和平落幕。只要判斷的標準符合常理，例如「還沒讀過的人有優先權」，或是「先拿到的人有優先權」，相信這兩個同學應該也都能接受才對。

選擇交由第三方來判斷

太棒了！

他說的比較有道理！

真的假的……

唉，那也沒辦法……

在進行交涉的時候，如果雙方一直各說各話，就算討論得再久也沒辦法達成共識。但此時如果有不偏袒任何一方的「第三方」提供意見，往往就能比較容易討論出結果。

如果被拜託當第三方協助仲裁，應該採取什麼行動？

如果在某一場交涉中被拜託擔任中立的第三方，最重要的一點就是「不能偏袒任何一方」。

同樣舉剛剛那個圖書室的例子，如果管理圖書室的同學剛好是其中一人的好朋友，另一人一定會懷疑「這個人可能會偏袒對方」。如果後來的仲裁結果確實對他不利，他肯定會大喊「你是故意幫他說話吧。」

另外，在擔任第三方的時候，還必須提醒自己要隨時保持冷靜。就算其中一方的處境相當令人同情，或是說出口的話讓人想要生氣，第三方還是必須保持中立態度，不能隨便提出自己的主觀意見。唯有保持客觀，才能做出讓所有參加交涉者都能認同的正確判斷。

身為第三方的條件

不偏袒
任何一方

能讓雙方
保持冷靜

→能夠維持公正，而且說話能保持
　冷靜的人

第三方還有一個職責，就是提醒所有參加交涉者不能過度情緒化。不僅如此，第三方還是確保交涉能夠維持公平公正的監督者。假如其中任何一方以言語暗示將會動用武力或是想倚賴人多勢眾，身為第三方必須以堅定的態度加以指責。當然要做到這一點，條件是第三方必須不屈服於其中任何一方的壓力。

一旦流於感情用事，交涉就會失敗

任何人聽到不開心的事情，都會想要發脾氣。但是在進行交涉的時候，發脾氣會導致喪失正確判斷的能力，有時可能還會因此而讓結果對對方有利！因此在參加交涉的時候，一定要提醒自己「不管聽見什麼話都不能動怒」。

下一關預告

成為一個優秀的魔王！

魔男成功讓妖魔們變得團結，擁有了共同的目標。

談判前的準備工作，可說是做得相當充分。

與勇者談判的日子馬上就要來臨。

妖魔手下們提議：「當天要故意遲到，才能顯得高高在上。」

真的是這樣嗎？

無論如何，為了守護魔界的和平，

與勇者的談判一定要成功才行！

第7關

最優秀的魔王

第 7 關
最優秀的魔王

為了整個魔界著想，妖魔們經過溝通與交涉，終於凝聚向心力。照理來說，如今魔界應該是比勇者更占優勢才對……但是在面對生氣的對象時，該如何有效進行談判呢？

能夠提高成功機率的小建議！

當對手動怒時，要特別謹慎小心！
談判要成功，有一個先決條件，那就是對方必須願意聆聽自己說話，所以在談判過程中，應該盡可能別讓對方動怒。

不能失去冷靜！
在談判的時候，就算遭對手挑釁或恫嚇，還是必須保持鎮定。一旦失去冷靜，就算條件對己方不利也會沒有辦法察覺。

徵詢所有人的意見！
就算談判過程很順利，可能還是有自己沒注意到的疏失，因此要隨時徵詢眾人的意見，採納好的建議。

我身為魔王，
必須守護大家！

情境 1 勇者為什麼在生氣？

A 因為條約內容　　要選哪一邊　　因為魔王的態度 **B**

魔男一抵達談判會場，就發現勇者隊伍每個人都是一臉怒火。難道是事先告知的條約內容讓他們感到不滿嗎？還是因為魔男聽從了手下的建議，為了表現自己高高在上，故意讓對方等了十分鐘？

正確答案請見第 108 頁

情境 2 道歉恐怕會讓局勢對己方不利？

A 還是道歉好了　　要選哪一邊　　絕對不道歉 **B**

即使坐在座位上，勇者隊伍還是怒氣沖沖。這樣下去恐怕無法好好談判。如果魔男道歉的話，恐怕會影響魔界氣勢，讓談判變得對己方不利。但是遲到確實是自己不對，是否還是應該誠心的道歉呢？

正確答案請見第 108 頁

對方恫嚇逼迫自己接受條件

要選
哪一邊

A 先答應再說

B 絕不屈服於恫嚇

勇者提出的條件對人類非常有利，但是對魔界非常不利。勇者威脅「如果不接受，我們就立刻占領魔界」。為了保護妖魔們，是不是應該接受勇者的條件，與勇者締結條約？還是應該不屈服於恫嚇，另外提出對魔界有利的方案？

正確答案請見第 108 頁

未來努力的方向

要選
哪一邊

A 對妖魔及人類都有好處

B 只對妖魔有好處

既然要與勇者談判，得先決定在談判過程中的努力方向才行。對妖魔越有利的結果，當然越好，但如果結果只對妖魔有利，對人類不利，恐怕人類不會答應締結條約……到底該選擇哪一種努力方向呢？

正確答案請見第 109 頁

情境 **5** 理想的魔王應該是……

A 能夠讓所有妖魔接受意見的人 要選哪一邊 能夠整合所有妖魔意見的人 **B**

魔男成功的以新魔王身分保護了妖魔們。雖然不知道妖魔們給予什麼樣的評價，但接下來還得繼續努力才行！究竟，作為魔王，一定要抱持強硬態度，讓所有妖魔接受自己的意見嗎？還是當一個能夠整合所有妖魔意見的魔王，才是理想的魔王？

正確答案請見第 109 頁

對答案！

成為最優秀的魔王

成功？失敗？ >>> **查看「提高成功率的方法」！**

第7關

最優秀的魔王

\ 正確答案是這個！ /

提高成功率的方法

魔男終於抵達與勇者談判的會場。為了讓魔界與人類世界和平共處，你是否做出了正確的決定？

情境 1
勇者為什麼在生氣？

正確答案是「**B** 因為魔王的態度」。一個沒辦法在約定好的時間準時赴約的人，無法獲得他人的信任。就算是魔王，也不應該讓別人苦苦等候。不管參加任何會議，都應該要準時到場。

情境 2
道歉恐怕會讓局勢對己方不利？

明明知道自己做錯事卻不道歉，絕對是不正確的態度。因此正確答案是「**A** 還是道歉好了」。自己沒有遵守時間，讓對方在現場等候，顯然是自己的錯。但要注意的是僅針對自己做錯事的部分道歉，但談判內容無需因此妥協。而且道歉的目的並不是為了安撫對方的情緒，只是為自己的錯誤行為表達歉意。

情境 3
對方恫嚇逼迫自己接受條件

正確答案是「**B** 絕不屈服於恫嚇」。所謂的「恫嚇」，指的就是藉由讓對方陷入緊張不安的情緒，誤導對方做出錯誤的判斷。遇到談判的對手採用這種策略，絕對不能輕易妥協。勇者說如果不答應就會立刻占領魔界，但他們真的做得到嗎？應該要仔細思考對手說的話是真是假，盡可能維護魔界的利益。

情境4
未來努力的方向

人類絕對不可能接受只對妖魔有利的方案，所以正確答案是「**A 對妖魔及人類都有好處**」。就算靠言詞或障眼法矇騙對方，事後對方發現被騙，一定不會善罷甘休，反而徒增糾紛。因此己方可以退讓的部分，就應該考慮退讓。既然雙方一開始同意談判，代表有妥協的意願，應該把心思放在找出雙方都能接納的方案。

情境5
理想的魔王應該是⋯⋯

正確答案是「**B 能夠整合所有妖魔意見的人**」。假如魔王只是單方面要求妖魔接納自己的意見，那些不被接納意見的妖魔一定會心生不滿。因此想要打造安居樂業的魔界，魔王一定要能夠整合群眾的意見。當然這並不表示魔王必須放棄自己的意見。在魔王需要整合的意見之中，也必須包含魔王自己的想法。

再次確認！

- 對手說的話是真是假，一定要仔細求證。
- 應該要追求的是「雙方都有好處」的結果。
- 一個理想的領導人，必定是一個「能夠整合眾人意見」的人。

 道具

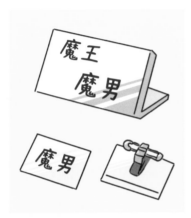

📦 名牌

在參加會議的時候，或是與第一次見面的人交談時，為了避免忘記對方名字的尷尬，建議可以使用名牌。名牌是放在桌上的立牌，也可以是別針固定在胸前的樣式。除了姓名之外，也可以加上身分或職稱和頭銜。

📦 圓桌

在進行對談的時候，如果使用四方形的桌子，會有種針鋒相對的感覺，容易發生爭執。但如果使用圓桌，不僅參加者會更踴躍發言，而且要整合意見也會比較容易。如果臨時沒辦法取得圓桌，可以試著移動桌椅，排列成圓形。

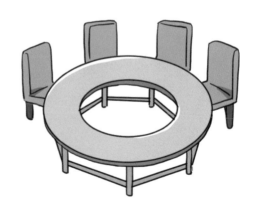

 訓練

 思考對手的利益

人類與妖魔不僅立場不同，想做的事情也完全不同。如果真的必須一起生活，雙方都不能只顧著自己的利益。因此在進行交涉的時候，除了必須想清楚己方的要求之外，還必須想一想對方是否也能得到利益。這時建議可以把自己當成對方，站在對方的立場思考這件事情。

 把自己的想法寫在筆記本上

要討論或交涉出讓雙方都滿意的方案，是一件很不容易的事情。因為雙方都會不知不覺只想到己方的意見，緊抓著利益不肯退讓。為了避免這樣的狀況，建議可以在聆聽了對方的說詞之後，把自己的想法寫在筆記本上。藉由書寫下來，可以更加釐清自己的想法，更容易找出問題點。

表決的聰明運用法

交涉不能因為一個人的反對而中斷

交涉的會議經常會發生沒辦法讓所有人達成共識的情況。當遇到這種情況時，就只能以「表決」的方式來決定最後的結論。如果要採取「表決」，有一點必須注意，那就是不能完全不給反對方表達意見的機會。尤其是當雙方的票數差距不大時，輸的一方可能會抱怨「明明人數差不多，為什麼我們要聽你們的」，如此一來就很容易發生糾紛。

為了避免這種情況，應該要先讓雙方都有發表意見的機會，先設法找到「雙方都能勉強接受」的方案，最後才

進行表決。舉個例子，假設表決的主題是「遠足要去動物園還是水族館」，當有許多人都說「想到動物園摸一摸毛茸茸的動物」，就算有些人心裡想著「要我看動物是可以，但我實在不想觸摸動物」，但可能也不好意思說出口，這時他們就會抱持反對態度。

在會議中如果能夠問出這些反對者的真實心聲，大家或許就會想出「選擇不以接觸動物為主要賣點的動物園」之類的折衷方案，反對者也許就會認為「如果是這樣的話，勉強可以接受。」

如果不能做到所有人都贊成，那就只能靠表決了

假如規定必須「所有人都贊成」……

贊成！ 反對！

討論不出結果

假如規定「最後採表決方式」……

贊成！ 反對！

沒辦法……

能夠討論出結果

如果有一個方案能夠「獲得所有人贊成」，那當然是再好不過的事情。但要讓所有人都滿意，絕對不是一件容易的事。如果真的沒辦法做到完美，這時就必須退而求其次，尋找所有人都能「勉強接受」的方案。

交涉不必追求所有人都贊成

交涉過程最好能做到讓所有人都贊成，這是大家都知道的事情。

如果讓所有人都充分表達意見，慢慢找出每個人都能接受的方案，確實有可能做到讓所有人都贊成。

但是這樣的做法畢竟太花時間，而且只要有一個人完全不肯退讓，交涉就永遠沒辦法有結果。

遇到這種情況，除了表決之外，還有另一種做法，那就是宣布會議結束，同時告訴大家：「請在下次會議時提出自己可以接受的其他方案」。

舉個例子，假設運動會快到了，全班在討論要由誰參加什麼項目。通常像這樣的討論，絕對不可能做到「讓每個人都參加自己想參加的項目」。因此若

討論不出結果時的做法

另外再找時間開會

請大家在下次開會時提出其他方案。

→ 選項變多

以「讓每個人都滿意」為目標，會議將永遠沒有辦法結束。像這種情況，最好的變通方式就是告訴大家「請在下次會議時提出想參加項目的前三名」。只要能夠做到「每個人都能選到前三名」，相信大家都會贊成，而且組合方式變多了，要調整也比較容易，最後就能討論出讓大家都能接受的結果。

在開會決定方案之前，先把話說清楚

如果決定方案的規則是「必須所有人都贊成」，或許有些人會為了自身利益而故意堅持不贊成，讓方案無法確定。為了防止發生這種情況，在會議一開始就應該告訴大家「最後如果討論不出結果，就以表決方式決定」。

終章 **魔男回歸**

魔男與人類的談判非常成功，魔界終於恢復了和平。

現在的生活真是和平呢！

等等，魔界真的適合這種和平的生活嗎？

當然呀！魔王陛下！

沒錯！

就算是妖魔，也是會渴望和平的！

您真的是太英明了！（爆淚）

淚流滿面

這沒什麼啦……

太誇張了……

不過這陣子真的和妖魔及人類做了許多交涉呢。

你就安心回你的世界去吧……

魔王陛下……

再見了！

回去吧回去吧～！（咒語）

吱吱

吱吱

回去你原本的地方吧～!（咒語）

魔男陛下！

謝謝您！魔男陛下！

大家……

吱 吱吱吱

再見了……！

轟轟！

咚！

別一直看漫畫！還不趕快整理行李？

咦？

？

這是怎麼回事？

漫畫……？

難道我在做夢？

沒時間了！快點來幫忙！

好……

直到現在，我依然不敢肯定在魔界那段日子是不是做夢……

噗噗～

因為搬家的關係，我也換了一個新學校。

我叫九田魔男！

新學校的人數比東京的學校少得多，但有許多有趣的同學……

剛開始的時候，我很擔心能不能適應……沒想到我跟同學們相處得非常好，連我也嚇了一跳。

我想找個人跟我換下星期的打掃工作，但沒有人要跟我換……

真的嗎？我建議你可以……

這主意不錯！我明天就試試看！

嗯，加油！

在魔界學到的事情，給了我很多幫助……

改變世界趨勢的
著名演講

「演講」其實就是「交涉」的進化版

「交涉」是一種在生活中非常實用的技能，而「演講」更是對群眾的一種交涉。「演講」是一種非常強大的技能，如果使用得好，不僅能夠讓他人接納自己的想法，甚至還有可能讓社會變得更好！以下介紹一些偉人的重要演講，這些演講都曾經改變一個國家的方向，甚至是整個世界的趨勢，可以說全都是足以名留青史的精彩演講！

亞伯拉罕
·林肯

亞伯拉罕
·林肯

馬丁·路德
·金恩

馬拉拉·
尤沙夫賽

象徵著美國人民的自由之心

亞伯拉罕・林肯

他是誰？

亞伯拉罕・林肯（Abraham Lincoln）是美國的第 16 任總統。美國在1863年分裂成南北兩邊，爆發了戰爭，傷亡超過 9 千人。當時林肯站在陣亡士兵墳墓前方進行的那場演講，幾乎成為最佳演講的代名詞，直到今天依然為人津津樂道。

「民有、民治、民享的政治」

（前略）我們堅決不讓這些為國捐軀者死得毫無價值。（中略）民有、民治、民享的政治，必須在這世上擁有永垂不朽的鞏固地位。

強調人民的自由與平等

這場演講被後人稱為「蓋茲堡演講（Gettysburg Address）」，據說只有短短2分鐘。在這極短的時間裡，林肯成功的讚揚了為國捐軀的士兵，同時強調了人民的自由與平等。如此精彩的內容，讓這場演講成為美國歷史上最著名的演講之一。

據說在演講完的當下，林肯的臉上流露出了落寞的表情，而臺下的聽眾並沒有鼓掌，現場一片寂靜。總統的一席話讓所有人大受感動，甚至連拍手也忘了。

保障了日本戰後和平的首相

吉田茂

- **他是誰？** - - - - - - - - - - - - - - - - -

吉田茂是日本的政治家。日本在1945年第二次世界大戰戰敗，吉田茂在隔年就任首相。他大力推動日本的戰後復興工作，並且在1951年召開的戰後交涉會議「舊金山和平會議」中，以落落大方的態度發表了精彩的演講。

「日本的歷史翻開了新的一頁」

（前略）我國也在這場大戰中蒙受了最大的破壞與毀滅。（中略）日本的歷史翻開了新的一頁。

（中略）我們誓言將與追求和平、正義、進步與自由的諸國為伍，並且為了達到這些目的而竭盡全力。

對日本的戰後復興工作有著莫大貢獻

日本在第二次世界大戰中戰敗後，有一段時期是由以美國為首的戰勝國統治。日本後來沒有成為其他國家的領土，吉田茂功不可沒。吉田茂並沒有對GHQ（盟軍最高司令官總指揮部，為General Headquarters縮寫）唯命是從。其證據之一，就是他在「舊金山和平會議」中進行的那場留名青史的演講，並不是使用占領軍所使用的英語，而是使用日語，讓與會的諸國領袖都嚇了一跳。他在演講中強調日本未來將成為「守護和平」的國家，或許正是因為他這一席話，日本才得以避免遭列強瓜分的命運。後來他更是為了復興戰後的日本，推動包含振興經濟在內的各種政策。

帶動了消除歧視的風氣
馬丁・路德・金恩

--------- 他是誰？ ---------

馬丁・路德・金恩（Martin Luther King）是一位美國牧師，他生前大力提倡種族平等觀念。在1950年代的美國，種族歧視非常嚴重，金恩牧師是在這樣的氛圍下追求種族平等。到了1963年，一群希望消除種族歧視的有志之士，舉行了一場名為「向華盛頓進軍（The Great March on Washington）」的活動。金恩牧師正是這場活動的主導者，他在廣場上向眾人進行了一場相當著名的演講。

「我有一個夢想」

（前略）我有一個夢想。有一天，就連萬惡的人種歧視主義者所生存的阿拉巴馬州，黑人的男孩和女孩，將能夠與白人的男孩和女孩牽起手，成為兄弟姐妹。

帶動了立法禁止人種歧視的趨勢

金恩牧師在演講中不斷重複著「I have a dream（我有一個夢想）」。這句話不僅淺顯易懂，有著撼動人心的力量，而且還帶有巧妙的韻律感，讓人朗朗上口，有如歌謠一般。

就在金恩牧師進行演講的隔年，也就是1964年，他因為在消除人種歧視上的貢獻受到高度讚揚，獲得了諾貝爾和平獎。金恩牧師去世之後，他在這場演講中所傳達的理念獲得了傳承，使得全世界逐漸形成不應該歧視他人的風氣。

主張廢除對女性及孩童的不平等對待

馬拉拉·尤沙夫賽

他是誰？

馬拉拉·尤沙夫賽（Malala Yousafzai）是南亞國家巴基斯坦的人權運動家[1]。
她曾遭阿富汗（鄰近巴基斯坦的中東國家）領袖組織「塔利班[2]」暗殺，奇蹟
似的保住了性命。其後她在2013年受邀至聯合國[3]總部進行演講。在這場演講
裡，她告訴全世界的人，她衷心期盼有一天全世界的孩童都擁有受教育的權利。

「所有的孩子都有權接受教育」

（前略）親愛的兄弟姊妹們，為了讓所有的孩子擁有更加燦爛的未來，
我們衷心期盼每個孩子都能夠在學校裡接受教育。我們將會繼續這場追
求和平與教育的旅程。（中略）拿起書與筆吧，那將是最強大的武器。
只要一個孩子，一名教師，一本書，以及一枝筆，就能改變我們的世
界。教育，是解決問題的唯一途徑。

邁向每個人都能接受教育的世界

在這個世界上，還有許多人抱持著「女人與孩童沒有權利說話」這種想法。馬
拉拉正是在這樣的環境裡，持續發出反抗的聲音。遭塔利班暗殺的可怕經驗並
沒有讓她退縮，這份勇氣使她獲得了全世界的關注。馬拉拉一再強調「女人與
孩童沒有受教育的必要」這種觀念是錯的，所有的孩童都應該接受教育。她的
貢獻獲得世人的讚揚，她在2014年就以17歲年紀獲得諾貝爾和平獎。

※1：為了提倡每個人都應該擁有與生俱來的權力，而持續發起社會運動的人。
※2：統治阿富汗及其他一部分中東地區的激進宗教組織。
※3：由世界上大部分國家派出的代表所組成的國際性組織。

主要參考文獻

- 《實踐！交涉學─如何形成合意？》松浦正浩著（筑摩書房）
- 《如何找出折衷點 ： 世界上最簡單的談判學入門》（Cross Media Publishing）
- 《改變世界的100場演講 上》Colin Salter著／大間知知子譯（原書房）
- 《改變世界的100場演講 下》Colin Salter著／大間知知子譯（原書房）

◎◎知識讀本館

這個時候你該怎麼辦？
從魔界守護到
領導溝通的生存挑戰

監修｜明治大學專門職研究所治理研究科專任教授 松浦正浩
繪者｜花小金井正幸
譯者｜李彥樺

責任編輯｜詹嬿馨
封面設計｜李潔
內頁排版｜翁秋燕
行銷企劃｜王予農

天下雜誌群創辦人｜殷允芃
董事長兼執行長｜何琦瑜
媒體暨產品事業群
總經理｜游玉雪
副總經理｜林彥傑
總編輯｜林欣靜
行銷總監｜林育菁
主編｜楊琇珊
版權主任｜何晨瑋、黃微真

出版者｜親子天下股份有限公司
地址｜台北市 104 建國北路一段 96 號 4 樓
電話｜（02）2509-2800　傳真｜（02）2509-2462
網址｜www.parenting.com.tw
讀者服務專線｜（02）2662-0332　週一～週五：09:00~17:30
傳真｜（02）2662-6048　客服信箱｜parenting@cw.com.tw
法律顧問｜台英國際商務法律事務所‧羅明通律師
製版印刷｜中原造像股份有限公司
總經銷｜大和圖書有限公司　電話：（02）8990-2588

出版日期｜2024 年 6 月第一版第一次印行
定價｜360 元
書號｜BKKKC273P
ISBN｜978-626-305-875-0（平裝）

訂購服務
親子天下 Shopping｜shopping.parenting.com.tw
海外‧大量訂購｜parenting@cw.com.tw
書香花園｜台北市建國北路二段 6 巷 11 號　電話（02）2506-1635
劃撥帳號｜50331356 親子天下股份有限公司

國家圖書館出版品預行編目(CIP)資料

這個時候你該怎麼辦？：從魔界守護到領導溝通
的生存挑戰／松浦正浩監修；花小金井正幸繪；
李彥樺譯. －第一版. －臺北市：親子天下股份有
限公司, 2024.06
128面；17x23公分. －（知識讀本館）
譯自：キミならどうする！？もしもサバイバル
魔王になって魔界を守る方法
ISBN 978-626-305-875-0(平裝)

1.CST: 科學　2.CST: 通俗作品

307.9　　　　　　　　　　　　　　113005198

立即購買 >